城市树木精细化修剪

——北京的探索与实践

周彩贤 李树华 朱建刚 向鹏天 杨欣宇 **编著**

U0339212

中国林业出版社

图书在版编目（CIP）数据

城市树木精细化修剪：北京的探索与实践 / 周彩贤等编著．-- 北京：中国林业出版社，2019.11
ISBN 978-7-5219-0399-7

Ⅰ．①城… Ⅱ．①周… Ⅲ．①园林树木－修剪 Ⅳ．① S680.5

中国版本图书馆 CIP 数据核字（2019）第 274967 号

出版发行 中国林业出版社有限公司(100009 北京西城区刘海胡同 7 号)
http://www.forestry.gov.cn/lycb.html
E-mail:36132881@qq.com 电话：(010)83143545
印　　刷 北京中科印刷有限公司
版　　次 2019 年 11 月第 1 版
印　　次 2019 年 11 月第 1 次
开　　本 880mm × 1230mm 1/32
字　　数 60 千字
印　　张 3
定　　价 45.00 元

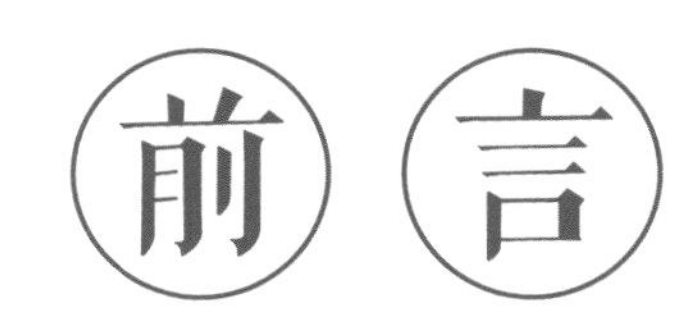

前言

行道树是栽植于道路两侧以及隔离带中的树木，是城市绿地的重要组成部分，它具有改善城乡环境、营造休憩场所、美化道路景观、打造乡土文化等作用。

现实情况中，我国大部分的行道树未进行修剪而处于随其生长的自然树形状态。这种长年不进行修剪的做法，导致行道树出现如下诸多问题：放任自然生长，枝叶交叉混杂；疏于修剪整形，树形缺乏美感；枯枝落叶残存，病害虫害易生；营养生殖失调，开花结果欠佳；干枝缺少整理，影响人车通行；枯枝遭遇风雨，树下车人遭殃等。

日本以及欧洲的某些国家，每年都会对城市行道树进行 1 ～ 2 次的修剪工作。研究证明，行道树修剪具有生理、美观和实用方面的意义。生理方面的意义表现在：对于枝叶茂密的行道树，剪除徒长枝、过密枝，达到通风透光的目的，防止病虫害滋生，增强对风雪危害的抵抗力；对于开花结果的行道树，通过对徒长枝、虚弱枝、过强枝的修剪，抑制生长，促进开花结实；由病虫害或老龄化造成的衰弱行道树，对枝叶进行修剪，促进新枝再生萌发，达到恢复健康的目的。美观方面的意义表现在：自然形态优美的行道树，减去不必要的干枝，达到健康生长的状态，进一步发挥行道树本来的美感；对于树形不整齐的行道树进行修剪，提高行道树的人工美。 实用方面的意义表现在：对于行道树进行修剪，达到防风、防火、遮蔽、遮阴的目的；行道树的夏季修剪，可以防止暴风雨造成的树木倒伏及其他危害。由此可见，在我国城市中开展行道树修剪工作，特别是制订行道树修剪指南具有重要的实践意义。

令人兴奋和鼓舞的是，北京市园林绿化局已经认识到行道树修剪的重要性，积极寻求、探索适合北京市的行道树修剪技术方法，

并作为样板和经验总结，拟推广至大部分华北地区，引领行道树修剪工作的改革与创新。基于此，2018 年由北京市园林绿化局委托，在北京市林业碳汇工作办公室的组织下，我团队作为技术指导方协助对北京市通州区新华大街、内环路机非隔离带和海淀区三里河路（钓鱼台国宾馆东侧）进行了以国槐（槐 *Sophora japonica*）、白蜡（白蜡树 *Fraxinus chinensis*）和油松（*Pinus tabuliformis*）为主的行道树修剪作业。

北京市园林绿化局相关领导和部门前瞻性地提出了总结工作思路，撰写一部适用于北京的行道树修剪指南，这不仅能为今后修剪工作的开展提供方法上参考的便利，也有利于总结反思其中的不足，引起更为广泛的关注，由此诞生了这本《城市树木精细化修剪——北京的探索与实践》。

本书作为北京等华北城市行道树修剪工作初始阶段的总结，我们期待着它能够对于以行道树修剪管理为主体的城市绿化美化工作起到一定的指导与参考作用。同时，由于工作经验不足和修剪水平不高，其中肯定会存在诸多不足之处，也希望城市绿化同行提出宝贵的意见与建议，以便在今后的行道树修剪实践与总结工作中得以改正和提高。

李树华
（清华大学建筑学院景观学系）
2019 年 10 月 20 日

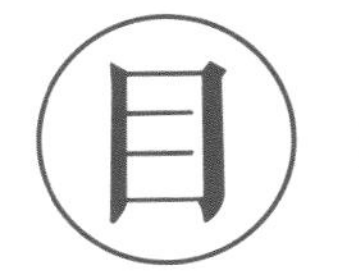

目录

各　论

总论

行道树修剪具有提升城市绿化美化效果、维护行道树生理健康以及保障城市交通安全等方面的意义，是行道树修剪工作的基础，也是推行城市行道树修剪的出发点。

第1章 行道树修剪意义

北京作为一座具有代表性的现代化国际大都市，其街道的建设日益引起高度关注。自改革开放以来高层建筑林立于城市之中，城市尺度不断扩大，城市化进程一直处于快速的发展状态。随着都市逐渐被灰色建筑包围，北京城市的绿化工作面对着前所未有的挑战。

经过数十年的城市建设，城市绿量达到了

一定的目标，积累了丰富的绿化工作经验。但是同时也暴露出一些问题，亟待当今绿化思维之转变，由原先对量的追求向“精细化”发展转移，关注于质的提升。过去的行道树工作较好完成了城市绿化，起到了生态和环境改善作用，也一定程度上美化了城市的界面。但是行道树的生长遵循植物固有生命周期，在经历了数年乃至数十年的生长后，开始出现问题。以北京城市为例，因为追求快速绿化的效果，以及出于本土植物的适应性考虑，在城区内选用了很多杨属植物（如毛白杨、加杨等），虽然确实因为杨树的生长速度快而在较短时间内绿化成荫，达到了较好的绿化效果，但是受到杨属植物生长寿命的限制，北京市内多处可见杨树的顶部开始出现坏死、枯萎的状况，在不得已进行换头更新后，极大地影响了道路的整体美观。同时，干枯坏死的枝条也存在着安全隐患，在大风或强降雨天气时可能因为树枝折断对树下行人以及停靠车辆造成伤害与损失。另外，杨树在进入生殖生长后，雌树会在春天产生大量飞絮，对城市环卫工作产生压力，更是诱发人体呼吸疾病，以及过敏性反应的“隐形杀手”。北京另一常用行道树树种——国槐，也曾出现过槐尺蠖等虫害问题，不仅影响城市美观，也存在潜在的健康危害。

因此，现如今城市提出行道树修剪工作的要求，是对“量化向质化”趋势的回应，城市行道树开始不仅仅是为了绿化而绿化，而是需要扩展其在城市美化、生态效益发挥及经济高效

等方面的内涵。行道树修剪具有提升城市绿化美化效果、维护行道树生理健康以及保障城市交通安全等方面的意义，是行道树修剪工作的基础，也是推行城市行道树修剪的出发点。

1.1 城市绿化美化

行道树是塑造城市形象的重要景观要素，同时在打造城市优美生态环境中扮演重要的角色。不同的城市街道空间可以通过不同的行道树来得到加强。

1.1.1 修剪的直接造型效果

修剪的直观效果是改变树木的外观,从而改变其景观效果。整形修剪带来的不同造型可以营造差异化的街道氛围。例如在重要的政府机构所在地附近，修剪整齐划一的行道树能形成庄严肃穆的景观。

1.1.2 修剪调节树木生长

树木修剪不仅是为营造特异的树体形态，其本质上也是调节树木个体的生长状态来促成满足特定需要的生长结果，因此需要遵循科学的植物生理规律。枝叶是树木光合作用的重要器官，叶为合成碳水化合物的反应场所，枝干则为输送水分与营养物质的输导器官，同时树体内多处器官和部位是合成激素的场所，例如茎尖和幼嫩部位合成生长素，根尖合成细胞分裂素。因此对行道树枝叶的修剪通过改变树木器官的数量和分布比例，调节器官的生理活性，既可以起到调节树木营养物质的转运，也能影响树体内激素的分布从而调节树木的生长势。通过控制树木枝条的生长量可以调节营养生长与生殖生长的平衡，促进营养生长抑制生殖生长可以达到更好的绿荫条件并且起到避免部分树种因为开花结果而产生的飞絮飞毛问题。反之，促进生殖生长可以带来更好的着花效果，提高行道树的观赏效果。维持营养器官和生殖器官的相对均衡也能避免“大小年”的开花现象。

整形修剪在不增加绿化材料压力的基础上，对既有的城市行道树可以起到景观高品质提升的作用，善用修剪技术还能解决一些行道树带来的生态问题或环境问题（例如春季杨絮和花粉传播对城市居民呼吸道产生的健康危害），对未来城市绿化工作具有重要意义。

1.2 行道树生理健康

树木修剪作为园林植物养护管理的重要一环，在改善树木生长、减少病虫害、维护树木健康方面有重要作用。对于行道树同样能够采取适量的修剪来保证其健康的生长。

1.2.1 满足植物生理需求

受制于街道的生长空间和立地条件（包括土壤、水分、光照等因素），行道树的枝叶可能出现病态或影响美观的情况，修剪可以及时去除生长不良的枝条，从长远的角度避免枝叶交错而减弱树木的光合作用，以及避免营养物质的损耗，减轻树体的生理负担。

1.2.2 减少病虫害发生

梳理树冠内部枝条的分布，能够增加其内的空气流通性，降低空气湿度以预防病虫害的侵袭，减少树木养护费用的支出，以及避免大量采用化学制剂防虫治虫带来的安全隐患。同时修剪也可以直接去除受到虫害的枝条，控制虫害的影响范围。

从经济环保的角度看，行道树修剪工作保证行道树的健康生长，能够最大程度地减轻对园林苗圃的依赖，延长树木的寿命，减少资源的消耗。

1.3 街道交通安全

行道树因为种植场地的特殊性，其生长空间有限，与市政基础设施的空间存在矛盾。在车道两侧的行道树生长会对街道的设施如标志、信号灯等产生遮挡，或是由于主干高度不够、枝条下垂从而干扰行车和行人交通。另外，徒长的枝条以及受到病虫害侵染的枝条也会构成一定的安全隐患，在极端天气下易折断而对过往的车辆及行人造成危害。

1.3.1 修剪达到理想树体结构

通过适宜的修剪保持树干、主枝、侧枝等的主从关系，各级分枝数量均衡，从而形成具有较强机械强度的树体结构，增强抵御大风等恶劣天气的能力。

1.3.2 消除枯死枝条的隐患

对于已经受到病虫害侵染的树木枝条，以及因为其他生长条件不佳而导致的枯死枝干进行修剪切除，从而消灭可能的安全隐患，避免枯枝断裂而对行人、城市基础设施及交通设施造成损害。

1.3.3 维持与城市设施的安全距离

行道树通常与城市的设施例如电线、信号灯等距离较近，为了保证安全需要通过修剪来维持一定的安全距离，解决树木生长与城市设施的空间矛盾，降低事故风险的可能性。

第2章 行道树修剪原则

2.1 因地制宜原则

修剪时应充分考虑树木与树木所处生态环境的关系，体现因地制宜的原则。

2.1.1 依据生长空间考虑修剪

修剪首先应考虑街道的断面形式以及断面

的宽度限制来确定行道树修剪的方案。街道宽度大，或者是种植点距离建筑红线位置较远，可以尽量使枝干开张，扩大树冠。如果街道宽度小，距离建筑红线近，应控制树体大小，适当缩小树冠体积，避免拥挤以及树木偏冠影响景观效果，消除可能产生的安全隐患。

2.1.2 依据种植地段考虑修剪

考虑行道树的种植位置，是在以交通功能占主导的快速路两侧，还是以人行交通为主，需要突出社会交往功能的步行街区，或者是具有重要形象展示作用的城市门户。不同的场所要求不同的街道气质，行道树修剪应服从于烘托出街道氛围的原则。

对特殊的地段条件需要加以考虑，如果是背风向阳处，树形可以高大，反之，风口处的树木不宜留过高过密的树冠，以减少风压。

2.2 因树修剪原则

树种不同，修剪方法也不完全相同。

2.2.1 宏观层面的树木差异

常绿树与落叶树因为生长周期不同，在确定修剪时间上应加以区分。落叶树的休眠期通常在冬季落叶后到次年春季新芽

萌发前，因此最佳的修剪时间应为冬季。常绿树在冬季时并未达到生理活动最低的程度，因此，通常在夏季以前进行修剪。

行道树修剪时也需要考虑树木本身的耐修剪程度，例如樱花类不耐修剪，则不应将修剪作为调整树形的主要手段。

根据不同树种的树形特点包括分枝方式、树干特性、枝片层性等来确定基本的修剪内容与强度。对于枝条直立性强的树形主要进行短截和回缩。对于分枝角度大的树种，要提高分枝高度，对低于高度要求的分枝进行回缩或短截。而对于枝条下垂的树种，要通过疏除和回缩来控制枝条高度。

2.2.2 微观层面的树木个体差异

从树木个体角度，应根据树木生物学特性和不同树龄时期的生长变化规律，在顺应和满足树种分枝方式、干性、层性、顶端优势、萌芽力、发枝力等生长习性基础上，通过修剪改善通风透光条件，满足生理需求，提高抗逆能力，做到因树修剪。

2.3 因时修剪原则

2.3.1 根据生理周期特点进行修剪

因为枝叶的去除将极大程度地影响树木的光合作用，致使树体生长势衰弱，因此要根据行道树树种的生理周期特点来选择修剪时间，通常是在树木的休眠期内进行修剪，避免树木所储备营养物质的损耗，以保证对树木造成负担最小化。

2.3.2 根据树木的生长年龄进行修剪

树木的生命周期可以分为胚胎期、幼年期、青年期、成年期和老年期 5 个阶段。行道树栽植成活后，从幼年期到老年期的生命过程，每个阶段的生长特点不同，因此需要根据具体的生长年龄来确定修剪的强度和目的。

（1）幼年期轻剪：为使幼树快速形成良好的树体结构，对各级骨干枝的延长枝采取短截为主的修剪策略，促进营养生长，对骨干枝以外的枝条轻剪。

（2）成年期平衡修剪：成年期为树木主要开花结果的阶段，注意通过修剪来调控平衡营养生长和生殖生长，避免“大小年”现象，延长花期或是抑制开花结果。

（3）老年期更新修剪：进入老年期的树木会出现多数枯死枝等生长不良现象，需要通过较大强度的修剪来刺激树体，以恢复树势。

2.4 统一性原则

同种的行道树在外观上易形成具有序列美感的街道景观，

在修剪时宜考虑统一性，避免变化过大而产生的杂乱无章感，营造出城市整洁美观的形象。

2.4.1 体量大小一致

保持同一树种具有相近的树形大小和树冠形状，表现行道树统一性构成的美感。

2.4.2 分枝点高度一致

分枝点的高度一致有利于交通工具的通过，以及塑造良好的城市景观，具有良好的装饰性和效果。

第3章 行道树修剪目的

3.1 调整行道树树体体量与大小

因为行道树生长空间不大，并且受到电线等的影响和限制，应该通过修剪控制树体大小和体量。参考《行道树栽植与养护技术规范（DB11/T 839—2017）》（见表3-1）修剪以符合要求。与建筑的距离在1m以上。靠近行车道一侧的枝下高度应不低于 4.5m（如图 3-1）。通过修剪调节树冠密度，对密度较大的树种进行修剪可以降低密度，减小风压，防止积雪压断枝条。

表 3-1 行道树与街道设施的安全距离

架空线			安全距离	
			水平距离（m）	垂直距离（m）
种类	电力线	≤ 1 kV	≥ 1	≥ 1
		3 ～ 10 kV	≥ 3	≥ 3
		35 ～ 110 kV	≥ 3.5	≥ 4
		154 ～ 220 kV	≥ 4	≥ 4.5
		330 kV	≥ 5	≥ 5.5
		500 kV	≥ 7	≥ 7
	通讯线	明线	≥ 2	≥ 2
		电缆	≥ 0.5	≥ 0.5

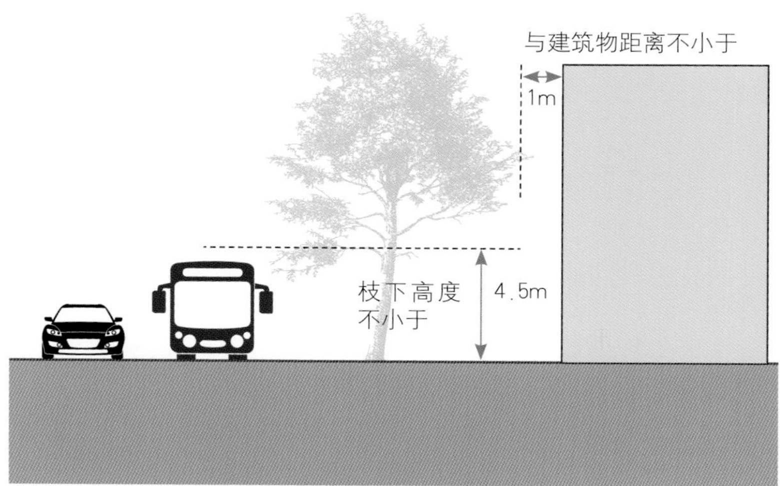

图 3-1 行道树与建筑物距离与枝下高

3.2 修剪成为理想树形

根据街道与周边建筑情况，调整枝干结构，并使其外形与周边环境协调。

树木树冠由以下部分构成：主干、主枝、侧枝、林冠、节间等（如图 3–2）。

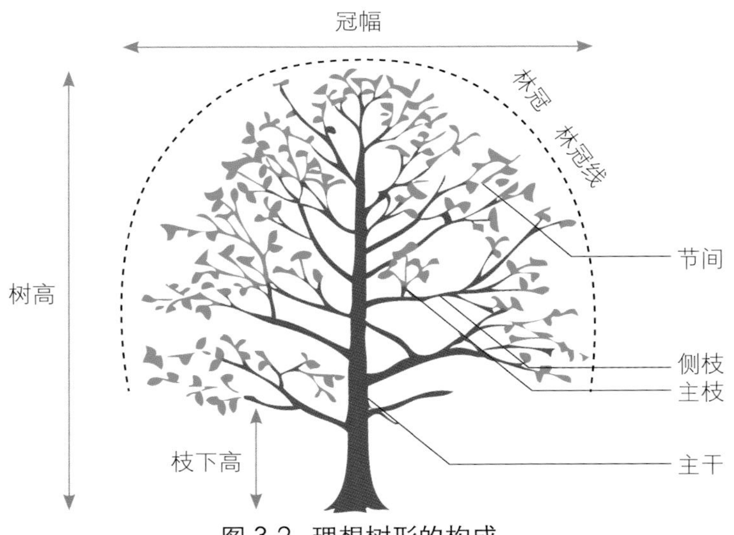

图 3-2　理想树形的构成

理想的树形是根据行道树树种自然状态下的固有树形，结合具体的场地条件和景观需要综合考虑。对所有植物，在其最理想的生长条件下，不需要经过人为的修剪，能够达到其固有的树形姿态。但是在行道树特殊的街道生长条件下，很难达到

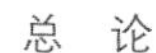

不需人为修剪而形成完全自然的树形。因此按照树木修剪前后与自然条件下固有树形的差异可以分为三类目标树形：自然式树形、混合式树形和规则式树形。

3.2.1 自然式树形

在生长空间制约较少的条件下（种植间距充足、道路宽度适宜、无临近建筑和其他重要道路设施），行道树的生长能够依循其自然的固有树形，但是实际城市环境下行道树的生长空间往往受到限制。仍出于表现其固有树形的目的，应通过一定强度的修剪，达到与自然生长条件下的树形相似的矫正型自然树形。与自然树形相比较，因为多次修剪会导致树冠整体向内缩小，但应力求维持原本的树形特点。该类行道树应以其自然状态下的树形为目标,对树木的部分不良枝在必要时进行剪除，尽量最大可能地保留树木的原始树形，展现植株本身具有的特异的姿态美。

常见的行道树树种的固有树形有卵球形、圆球形、圆锥形、圆柱形、垂枝形和伞形等（见表 3–2）。

表 3-2 北京地区常用行道树树形总结

固有树形	圆锥形	圆柱形	卵球形和圆球形	伞形	垂枝形
代表树种	银杏、白皮松（青年）、水杉、圆柏、鹅掌楸、毛白杨	杜松、塔柏、新疆杨、钻天杨	栾树、二球悬铃木、楸树、杜仲、望春玉兰、白蜡、杂交鹅掌楸、樱花、元宝枫、刺槐、国槐、榆树	合欢、千头椿、油松（老年）	绦柳、龙爪槐

需要注意的是，部分树种因为自身的生长特性难以通过多次的修剪达到缩小树形，例如樱花、榉树等，因此在树种选择时应加以考虑。自然式树形既能够展现出树种不同而带来的植物景观的多样性，也能够使行道树适应于街道有限的空间，缓解城市基础设施与植物在空间上的矛盾，因此适合于在城市推广。

3.2.2 混合式树形

混合式树形是介于自然式树形和规则式树形的一类，通过较大的修剪工作达到整形效果的树形。混合式树形根据树木的生物学特性和环境要求，将树木修剪为与环境条件相适应的树形。主要有杯状形、开心形、伞形等。

（1）杯状形。在主干定干后无中心干，主干上着生 3 个主枝，俯视各主枝间夹角为 120°，每一主枝上着生 2 个生长势相近的主枝延长枝，下一年再分 2 枝，共有 12 个长势相等的分枝，即所谓“三股六杈十二枝”。杯状形树形内部中空，光照好，适宜于无主轴或顶芽生长势不强的树种，如悬铃木、榆树、国槐、白蜡等。缺点是主枝机械分布，主从关系不明显，结合不牢固。针对这一缺点又出现改良的开心形。

（2）开心形。此种树形是杯状形的改良与发展，主枝 2 ～ 4 个均可，在主干上错落着生。为避免枝条交错，需要将同级侧枝留在同方向，即若第一主枝的第一个侧枝在左侧，则第二、第三个主枝的第一个侧枝也相应地留在左侧。采用开心形树形的多为干性弱、顶芽生长势不强、枝展方向为斜上的树种。

（3）伞形。适宜于某些垂枝类的树种，如国槐（龙爪槐）、垂柳、垂枝榆、白蜡等。

3.2.3 规则式树形

规则式树形是完全根据人为的构思来修剪树木，达到特定的形状，一般以规则的几何形体为目标。该类树形能形成特殊的街道景观，往往用于突出街道的庄严，具有良好的装饰效果。但是采用规则式树形需要进行多次修剪，且造型完成后仍需定期进行修剪才能维持其规则式树冠形状，耗费成本较大，因此可以在局部重要的城市街道采用，不适宜在大范围内推广。

3.3 调整行道树树体生长

为了使行道树在有限空间与不理想的生长环境（对于树木生长而言）中能够健康生长，应该剪除密生枝、徒长枝、病虫枝以及枯死枝等，保障生长势弱的下部枝条等的光照、通风条件，使其健壮生长，达到树体生长的均衡。如图 3–3 所示为一般树木生长过程中常见的不良枝，对于行道树的修剪有一定指导意义。

（1）徒长枝。徒长现象的产生来源于树体本身良好的营养状态，树木因此萌生能力强，导致生长快速，表现为树皮光滑、

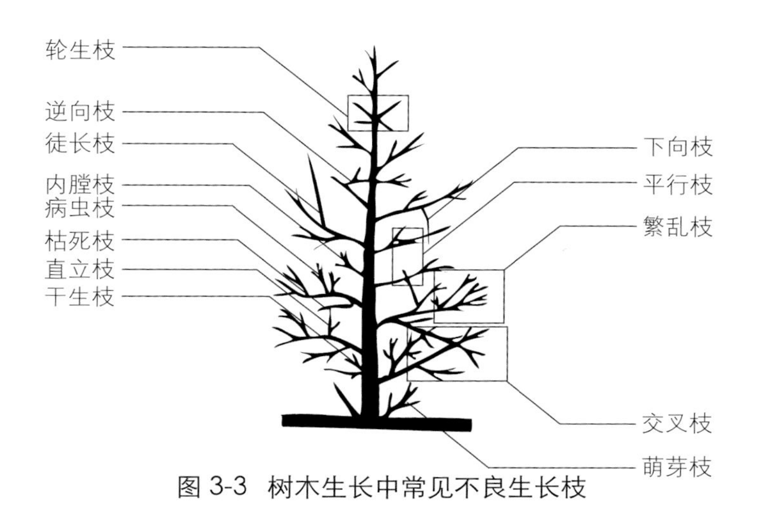

图 3-3　树木生长中常见不良生长枝

节间距较长、节较粗大等特点。除老树更新复壮时可以酌情对徒长枝予以保留外，其他情况应考虑剪除。

（2）内膛枝。常萌生于枝条的外侧腋下。内膛枝会对周围的枝条产生竞争，消耗树体的营养、水分以及影响树形结构的美观，使树体产生“体型偏重现象”。对于内膛枝应当考虑予以剪除。

（3）逆向枝。逆向枝是在生长阶段或因气候影响（如大风天气）或因外力介入导致枝条或其新生芽发生逆向生长。逆向枝严重影响整体树形的美观，尤其是一级分枝与二级分枝的情况影响树形的姿态美，并干扰其他枝条的合理生长空间，因此可以作为不良枝加以剪除。

（4）病虫枝。有病害或虫害侵袭或危害严重的枝条，而且使用药剂防治的效果不明显或有传染的可能性时，需要判断为不良枝并立即剪除。

（5）枯死枝。枝条已经罹患病害或受虫害，或因日照及水分、养分不足等情况而形成枯枝，或由于外力侵害等因素造成枝条枯干或死亡或腐朽，都为干枯枝。干枯枝残留会增加病虫害发生的风险，同时占据其他树枝的生长空间，影响树形的美观，因此需要及时进行剪除。

（6）萌芽枝。常在树木的干基部位及结构枝上萌生，多发生于生长旺盛时期或是树木干体受到损伤影响养分、水分输导时，萌芽枝除妨碍植物营养分配外，还破坏植物的外形美观，需要尽早予以剪除。

（7）干生枝。干生枝的出现往往是因为以前的整枝修剪操作不良，不定芽宿存的枝杈部位再度萌生新的枝芽，新萌发的枝条往往细弱，不具备良好的抗逆能力。应连同宿存枝杈一并再以正确的“贴切”方式予以修剪。

（8）下向枝。下向枝是属于新生芽的萌生方向发生向下生长的情况，或者枝条所生长的角度与其他枝条的生长角度有极大差异时，如产生“形体偏重现象”，严重影响整体树形结构的美观，可以将其剪除。但如本身即是易产生下垂枝条的树木，如柳树等，则不需要修剪。

（9）平行枝。两枝条生长的方向与位置形成上下平行的枝条，应考量整体结构及平衡选择其中之一进行修剪。以免上枝影响下枝的光照条件，而下枝争夺上枝的水分及养分。

（10）交叉枝。两个枝条形成X状的交叉接触，导致枝条的韧皮部受损，使两个枝条因此受伤枯死或影响生长发育，也会破坏整体树形的美观。交叉枝条也会使树冠枝叶密度增加，影响树冠内部的采光与通风，容易滋生病虫害，并干扰其他枝条的生长空间。

行道树在树种、树形等方面具有其特殊性，对于行道树生长产生不良影响的枝条主要包括交叉枝、病虫枝、下向枝等。在进行常规修剪时，应当首先找出并判断不良枝，出于调整树体生长的目的予以去除。

通过修剪使树体内部分枝结构明晰，分级清楚。按照从主干开始分枝算一级分枝，由一级分枝再分二级分枝。以此类推，一般分至三级分枝即可。三级分枝后萌生的侧枝没有必要进行细化分级。

3.4 整形修剪的其他益处

由于整形修剪改变了枝条的数量，起到调整树体生长势的作用，因此间接地产生其他效果，包括增强树木的抵抗性、促进花芽分化和老树复壮等。在实际操作中可以结合具体的需要对行道树进行不同程度和不同方式的修剪以达到良好的景观效果。

（1）增强树木的抵抗性。通过修剪操作中回缩等方法，使枝干获得充足的营养物质，能够使树枝变短、增粗，机械强度增大以抵御强风或降雨、积雪等不良天气影响。另外，疏枝可以使树冠通透性变强，通风透光情况变得良好，内部湿度下降，从而增强对于病虫害的抵抗性。

（2）促进花芽分化。对观花观果的树木，采用正确的修剪方法不仅可以促进花芽分化从而达到增花增果的效果，而且可以调整花芽的数量，平衡生殖枝与营养枝比例与生长势，达到健康生长、正常开花的目的。此外，对于幼年期的行道树，通过合理的修剪进行调节，可以促进幼年苗木快速进入开花结果期。

（3）促进老树复壮更新。树木寿命有限，在树体衰老后，外围枝会大量枯死，骨干枝残缺会导致树冠秃顶，形状不整，显著降低行道树的景观价值。通过去除老化枝条，保留上一年生长势较弱的枝条，刺激枝干的隐芽萌发，形成粗壮、年轻的新生枝条，可以起到促进老树复壮更新的效果。

第4章 修剪工作流程

4.1 修剪前调研

首先需要针对行道树立地条件和行道树生长现状进行现场调研。调研内容包括树种、树龄、调查地点、分枝高度、冠幅等，以及现场对行道树不良枝、树形、树势等信息的判断结果。在现场记录有关数据的同时，还需通过摄像予以保留影像记录，以留作日后对比分析。可采用表格的形式对现场数据进行整理，表格

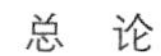

参考详见附表（行道树调查表）。

4.2 制订修剪计划

在掌握行道树生长状况的信息后，根据街道美观、树体生理健康和交通安全的指导原则，有依据地制订出修剪计划，并经相关部门审查同意。

4.2.1 明确修剪目的

根据实际生长情况，确定本次修剪的主要目的，包括是否缩小整体树形，从美观角度调整树枝结构，梳理树冠内部枝条，清除生长不良枝，树木更新再生等。

4.2.2 提出修剪对策

在计划中，视修剪目的选择对应的修剪技术。标注应去除的枝条类型和大致位置，确定修剪后大致的树冠轮廓线。判断修剪的强度以及预估修剪工作的时间和所需人工。

4.3 修剪作业实施

由市政主管街道绿化的部门审核行道树修剪计划，按照正规程序招投标修剪施工方进行修剪施工作业。

4.3.1 技术培训

对施工人员进行岗前培训，包括修剪技术和安全施工两个方面。

4.3.2 准备工具及设备

购买修剪工具、登高器具、安全防护用具等修剪所需的用品，图 4–1，图 4–2 列举了部分常用的修剪工具以及修剪人员装束要求，图 4–3 为登高用梯。

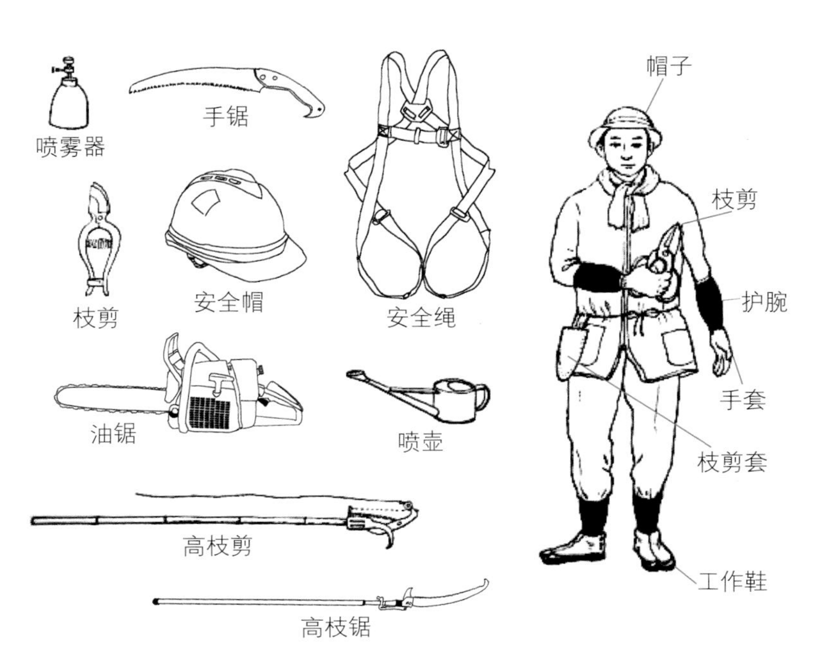

图 4-1　修剪工具及安全防护用具　　图 4-2　修剪人员装束

图 4-3 铝合金梯子

另外，可以通过租用的方式获取特殊登高机械类设备，如图 4–4 中的登高吊车。

枝剪 主要用于中小型枝条的修剪以及为缩小树形目的的修剪策略，是使用频率最高且最为重要的工具之一。

高枝剪 用于高于地面且难以借助梯子进行修剪的枝条。由于操作有距离，修剪的精度有所影响，故在枝剪和手锯无法

图 4-4　利用吊车登高

使用的条件下才使用。

手锯　难以使用枝剪切除的中小型枝条，可利用手锯进行去除。根据实际情况选用大小适合的手锯。

高枝锯　对距离地面一定高度的树枝，为免去树枝上作业，可以用高枝锯作业，相对安全但对修剪精度有影响。

油锯　对于树木的主枝以及较粗的主干可以使用油锯。油锯也可用于对修剪后废弃枝条的初级处理。使用时应注意安全操作。

安全帽 安全帽的佩戴要符合标准，在行道树修剪工作中必须保证全时段正确佩戴安全帽，否则不能进行修剪作业。安全帽需定期检查更换。

安全带 为了防止作业者在某个高度和位置上可能出现的坠落，作业者在登高和高处作业时，必须系挂好安全带。安全带的使用遵循规范。将安全带挂在高处，人在下面工作即“高挂低用”。这是一种比较安全合理的科学系挂方法。它可以使有坠落发生时的实际冲击距离减小。与之相反的是“低挂高用”。就是安全带拴挂在低处，而人在上面作业。这是一种很不安全的系挂方法，因为当坠落发生时，实际冲击的距离会加大，人和绳都要受到较大的冲击负荷。所以安全带必须“高挂低用”，杜绝“低挂高用”。高处作业如安全带无固定挂处，应采用适当强度的钢丝绳或采取其他方法。禁止把安全带挂在移动或带尖锐棱角或不牢固的物件上。安全带要拴挂在牢固的构件或物体上，要防止摆动或碰撞，绳子不能打结使用，钩子要挂在连接环上。安全带要妥善保管，不可接触高温、明火、强酸、强碱或尖锐物体，不要在潮湿的仓库中存放保管并定期对安全带进行检查和更换。

防护手套 防护手套的作用是为修剪过程中避免尖锐的枝条以及树木的油脂等其他物质等对皮肤的伤害。防护手套要注意完好，如有破损应及时更换。

梯子　作业高度在 2m 以上时，可以使用梯子作业。使用梯子时，应优先考虑不必倚靠树木的合梯，并避免梯子与树枝接触，以免树木在修剪中晃动而影响梯子的稳定度。若梯子必须倚靠树木时，应将梯子一端与树枝绑牢固定（如图 4–3）。

登高设备　修剪过程中需要借助的重型机械设备如登高吊车，使用中应由专人驾驶操作，配合现场指挥人员，注意避开空中线缆等障碍物。在高空平台作业的工作人员同样需佩戴安全带。

4.3.3 修剪操作

主要采取大枝剪除、疏剪以及短截三种方法对行道树进行整形修剪。大型枝条锯断之前要用绳索进行捆绑，以防落地时造成危害。

修剪完涂抹愈合剂（如图 4–5）：对于创口在 2cm 以上的

图 4-5　伤口愈合剂使用

枝条，在修剪后应在伤口涂抹愈合剂，防止伤口腐烂和杂菌感染，加速伤口愈合，使伤口美观。涂抹方法：均匀涂抹，完全覆盖伤口表面，不宜过厚。做到不滴不漏，涂抹范围尽量边缘整齐。

4.3.4 处理现场并撤离

在修剪过程中产生的枯枝落叶和剪除的枝干需要及时用卡车运走。对较粗的枝干可先用工具锯成方便清运的大小再从现场清除。

清扫完毕后，清点器具、工具和交通管制所用的用具等并装入卡车后撤离现场。

4.3.5 修剪后的养护

每隔 1 ～ 2 个月检查树木的生长状况，在短截的位置容易萌发多数的小枝，以及部分位置产生徒长的现象等，将对树木造型产生影响，对于这些枝条，应当及时进行修剪，以免破坏整体造型美观。

修剪后如树木开花结果，应在开花结果后及时摘除残余的花果，以防止水分与营养的流失。

修剪后树势较弱，可适当追肥。通常以施用氮肥为主，以增强树体的生长，利于伤口恢复。

4.3.6 鸟巢保护

城市作为一类特殊的生态系统，也为多种生物提供了生存的空间，承担了包括动物迁徙通道、繁殖场所等重要功能。行道树在城市空间中以线性空间存在，在该尺度下可视作一类景观廊道，对于鸟类的生存有着重要的作用。因此在前期现场调查时，对于树上发现的鸟窝（如图 4–6）应制订好保护计划，在修剪作业中小心避让。

图 4-6　待修剪枝有鸟巢时应注意保护

第5章 修剪方法

行道树修剪出于不同的目的，在不同情况下在修剪部位上有所差别，所采用的修剪方法也不同。

5.1 修剪技术

5.1.1 大枝疏剪

通过去掉树干的一部分、主枝等的粗枝，缩剪过大树冠，促进树体内部通风透光，防止、减少风雪危害与病虫危害。该种方法主要使用油锯或手锯完成粗枝剪除。

为避免修剪对树体造成过多的伤害，促进伤口快速愈合，在修剪位置和顺序上应予以注意，配合不同的修剪工具进行修剪作业。

植物的形成层细胞向上生长（如图 5–1），直到枝条下方

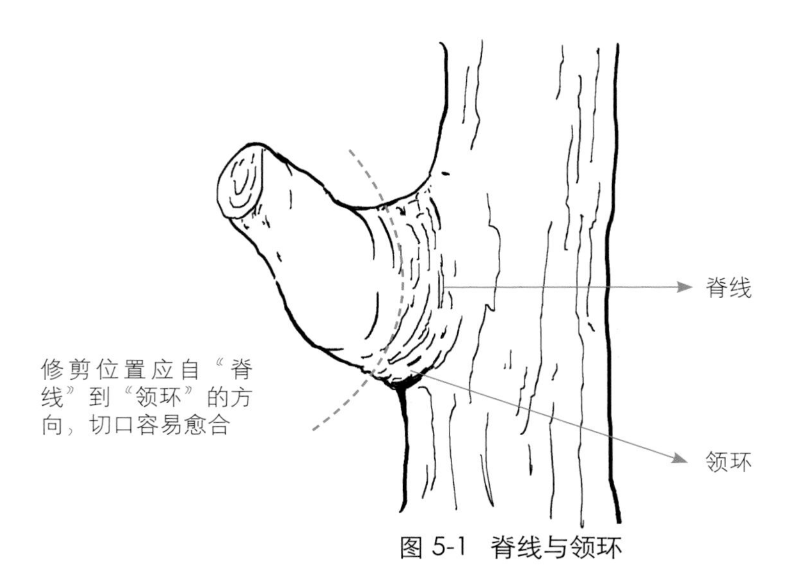

图 5-1　脊线与领环

斜向生长时，会在下方逐渐形成一圈略微凸起的构造，被称为“环状细胞”。环状细胞在树干及枝条间形成明显的树皮褶皱线，即“脊线”，而在脊线外侧，树干枝条外侧的弯曲下方处会聚集大量环状细胞而形成环状凸起，被称为“领环”。

对于较粗的大枝，修剪时应参照图 5–2 演示的顺序。

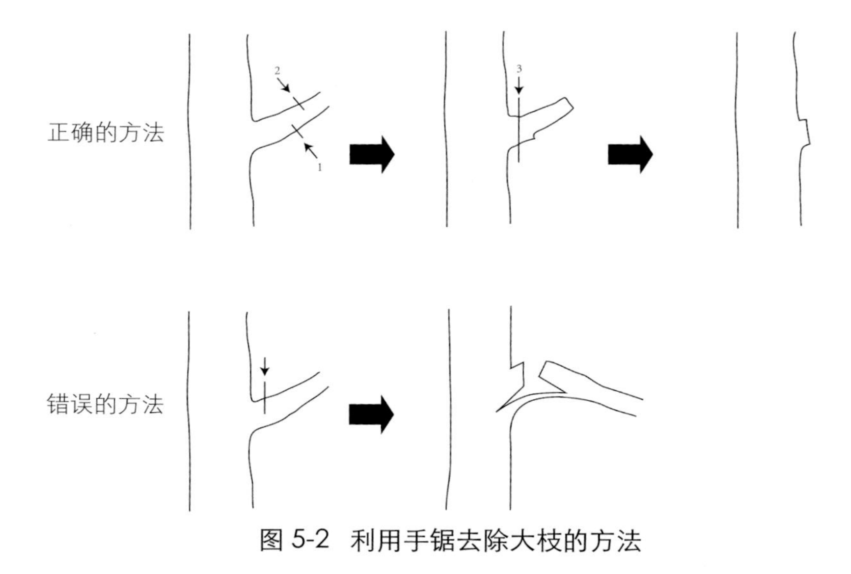

图 5-2 利用手锯去除大枝的方法

①确定枝条修剪的预定线位置，应在环枝组织上方。可以用绳捆绑在待去除树枝的中部，防止断枝突然落下对行人车辆或其他树枝造成伤害。②从待修剪枝距离预定线 20 ~ 30cm 处下方开始切割，切口锯入 1/3 ~ 2/5，可以使用油锯或手锯（如图 5–2 正确的方法，序号 1 所示方向）。③从待修剪枝上方开

始切割，将树枝切除树体，对较粗的枝条可使用油锯（如图 5–2 正确的方法，序号 2 所示方向）。④沿预定的修剪线，配合手锯进行切割，保证切口的光洁完整，并涂以伤口防腐剂（如图 5–2 正确的方法，序号 3 所示方向）。

在大枝上方直接下刀，因为重力作用极易在锯除过程中发生劈裂，连带树皮被剥离树体，造成修剪创口过大难以愈合，既影响修剪美观效果，又容易滋生病害，导致树干腐坏（如图 5–2 中所示错误方法）。

对于过长或过重的树枝，可分段进行切除。由先端开始，分为 2 ～ 3 段依次切除。防止树枝劈裂，造成大面积的创口，不利于树木愈合。

5.1.2 小枝疏剪

把小枝从基部剪除的操作。一般对于枝条繁乱部分，着生于不适当地方的枝条和生长势过强而影响其他枝条生长的枝条等部分采取该种方法。该种方法多使用小型手锯、枝剪来完成。

疏剪可以起到调节生长势的作用，在不同部位进行疏剪可以产生不同的刺激效果。对同侧的剪口以下的枝条能促进生长，反之对剪口以上部分起到抑制作用。因此疏剪轮生枝中的弱枝和密生枝中的细枝可对树体有益。另外疏剪可以改善光照条件和树冠内部通风条件，短波光增强有利于组织分化不利于细胞伸长，因此可以起到减少分枝、促进花芽分化的作用。

5.1.3 短 截

在休眠期内将一年生枝条剪去一部分，即在枝条中部剪短的操作方法，称为短截。一般多应用于树冠变小回缩、树体整形目的。短截可以刺激剪口下的侧芽萌发，生长旺盛。工具多采用枝剪。短截根据修剪的位置、剪除的多少可以分为轻短截、中短截、重短截和极重短截，对剪口下侧芽的刺激作用也各不相同。

轻短截 剪去一年生枝条的 1/6 ～ 1/4，以刺激下侧多数半饱满芽的萌发，可以促发更多中短枝，形成更多花芽。

中短截 剪去一年生枝条的 1/3 ～ 1/2，保留中部饱满芽，顶端优势随之转移到中部。

重短截 剪去一年生枝条的 2/3 ～ 3/4，此操作可产生较大的刺激作用，剪口下侧原有的弱芽中将形成 1 ～ 2 个营养枝，下部可形成短枝，应用于老树的复壮更新。

极重短截 在枝条基部轮痕处短截，剪口下仅留 2 ～ 3 枚芽，只能萌发 1 ～ 2 个中短枝。

短截时，需要综合枝条上着生芽的强弱和目标树形来进行整体把握。剪口与芽的距离关系以及剪口的方向应参照图 5–3。

5.1.4 回 缩

针对二年生以上枝条进行的短截为回缩。回缩与短截的作用机制与反应基本类似，都有促进剪口下方芽生长的作用。不

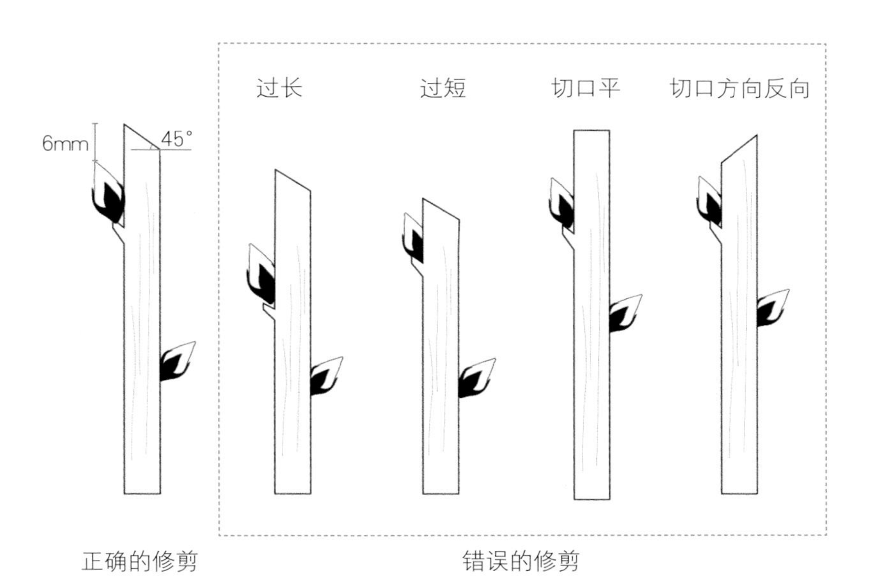

图 5-3　利用枝剪剪除小枝的方法

同于短截的刺激作用取决于芽的饱满程度，回缩的刺激效果与所剪枝保留的枝条生长强弱有关，剪口枝若留强枝则生长势强，利于更新；剪口枝若留弱枝则生长势弱，利于花芽形成。因此回缩可以在控制树形体量、多年生枝条换头以及更新复壮上使用。

与短截相似，根据修剪的强度可分为轻回缩、中回缩和重回缩。

轻回缩　在 2 ～ 3 年生枝上剪截，有助于维持枝条原有长势。

中回缩　在 4 ～ 5 年生枝上剪截，一般起到增强枝条长势作用。

重回缩 在6年生以上枝上剪截，一般削弱枝条长势。

注意事项：短截和回缩后枝条在切口下方可能会产生萌蘖枝的问题，需要在修剪后及时检查，发现萌蘖枝可有选择地进行剪除。对于需要培养以充实树冠的枝条加以保留。

5.2 修剪顺序

修剪顺序一般为：首先，利用油锯对行道树主枝进行适当去除；其次，利用手锯和枝剪对不需要的侧枝、小枝进行疏剪；

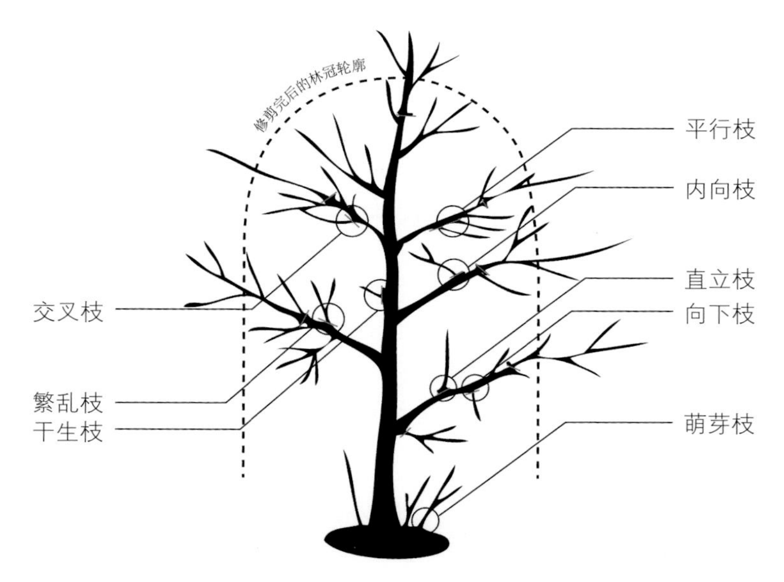

图 5-4 修剪完成后的林冠线

第三，利用高枝剪对过长枝、树冠不均衡枝等进行短截处理；最后，用手剪对萌蘖枝等较细的枝条进行剪除。修剪主要的枝条类型如图 5–4 所示。

5.3 修剪部位

5.3.1 主干（主枝）修剪

在对主干（主枝）进行修剪时，应避免截顶式修剪，修剪的正确位置必须在较大的侧枝上方，顺着侧枝的斜度进行修剪，以利于原有侧枝成为主干，避免干生枝的成长，并修复伤口。

5.3.2 侧枝修剪

修剪侧枝时应保留主枝与侧枝连接处的环枝组织，才不会截断养分的运输，造成向下的溃烂。侧枝修剪是行道树修剪的主要内容，用于缩短枝干长度、去除不良枝等。

5.3.3 细部修剪

树木修剪除枝干修剪仍有针对细部的较为精密的修剪作业，主要用于调控开花结果等树木生长过程。这类修剪包括摘心、摘芽、摘蕾、摘花、摘果、剪梢、除萌等。一般操作枝剪等小型修剪工具和徒手作业即可。

细部修剪时，应同样注意下刀的位置和方向。参照图 5–2 所示正确的修剪方法。

5.3.4 病虫害部位

对于多数发现的病虫害枝条，应该及时清理以防止大规模病虫害的爆发以及预防枯害枝条坠落对行人等造成伤害。但是如果感染病虫害的枝条过大，应当灵活处理。在这种情况下，如果枝干并无明显枯死的征兆，可先进行轻度的修剪，并以药物防治为主对受害枝条进行处理，而不必全部切除。当受病虫害感染的枝条枯死迹象明显，则以修剪切除为主。如图 5–5、图 5–6 所示为白蜡树蛀干害虫，以及较为严重的蛀洞状况，这种状况应作切除处理。

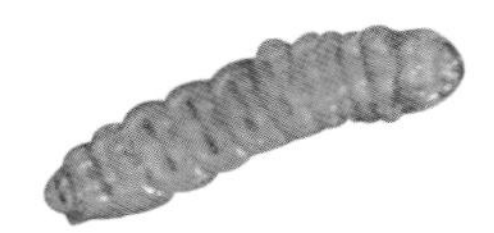

图 5-5 白蜡树蛀干害虫（幼虫）

图 5-6 白蜡树虫害现象

第6章 行道树修剪时期

行道树修剪由于减少树体本来的枝叶量，对光合作用产生极大的影响。因此，选择在对行道树生理负担最小的时期进行修剪十分重要。行道树修剪的适合时间需依据具体树种的生长生理规律，结合修剪的目的来确定。对所有树种，选择生理负担少的休眠期以及创伤修复能力强盛的成长时期是理想的修剪时间。

树木的周年生长如图 6–1 所示。

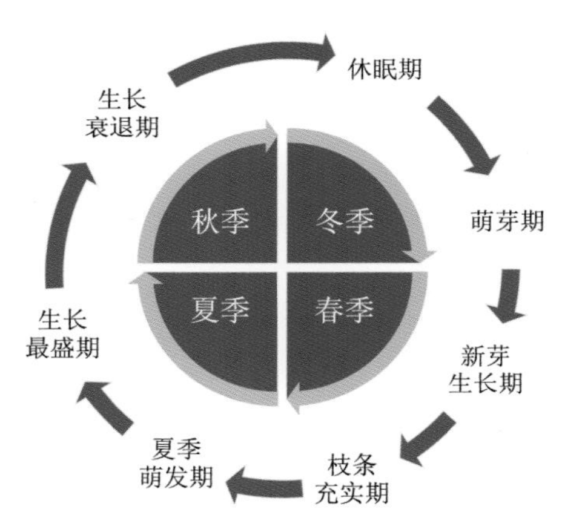

图 6-1 树木的周年生长

修剪应该选择对于树木的生长、开花的影响尽量少的时期进行。根据树木周年生长规律，树木修剪可以分为春季修剪、夏季修剪、秋季修剪与冬季修剪。不同树种应选择不同的修剪季节，采取不同的修剪方法。

6.1 按季节修剪

6.1.1 冬季修剪

落叶树在冬季进入休眠期，冬季修剪对于树木的影响最小。该时期可以充分地进行不良枝条的修剪、树形的调整等操作。

对于花芽已经分化的树种，修剪时应该注意，以免对花芽造成危害。对于常绿树来说，冬季修剪可能造成流胶现象，对于树木造成的影响要比落叶树大，造成萌芽时间晚于未修剪的树，应该慎重进行。

不管是落叶树还是常绿树都要避免冬季严寒期的修剪。

伤流严重的树种（核桃、五角枫等）应避免在冬季进行修剪。

6.1.2 春季修剪

对于落叶树可在萌芽期之前的早春进行修剪，该时期因为树体内有养分储存，新芽尚未萌发，对于树木的影响较小。对于常绿树来说，从早春开始新芽萌发、老叶脱落更新，因此，早春也是其修剪的适宜时期。

6.1.3 夏季修剪

夏季是枝条伸长生长的季节，也是剪除长枝、维持树形的适宜时期。多数开花树木的花芽分化也在夏季进行，修剪时应当予以注意。

6.1.4 秋季修剪

秋季修剪的树木，新长出的新枝尚未充实就进入冬季，造成新枝越冬困难，所以，尽量避免秋季修剪。可以根据实际情况在秋季进行常规修剪，尤其是可能萌生秋梢的树木应及时发现并修剪以控制树体结构。

6.2 按生长周期修剪

6.2.1 休眠期修剪

休眠期修剪的内容主要是确定树体结构，在整体上进行强度较大的修剪作业。对于长期未进行修剪的树木，必须在进入休眠期后才能修剪。

6.2.2 生长期修剪

生长期的修剪通常是常规性修剪，例如及时清理生长不良枝以及短截后新萌发的多余枝芽，以及在花果期后及时清理残存的花和果实，减少养分和水分的消耗，维持树木的正常生长。

第7章 修剪安全策略

在行道树的修剪工作中应时刻注意作业安全，既要完善作业人员自身的安全保护措施，也需同样考量作业过程中行人行车的安全问题。形成一套适用于行道树修剪的安全策略，包括穿戴装备、工具使用、道路交通管控与人员调配，树立良好的安全意识，防患于未然。

7.1 穿戴安全装备

施工人员作业时应穿戴齐全防护装备，包括护目镜、口罩、防护围裙、工作手套、工作鞋、反光背心、安全帽等，以确保自身安全。

7.2 规范工具使用

修剪工具在操作与使用时应尽量避免刀片触碰地面，不得损害现有植栽。对于使用油锯等修剪工具时，应当明确了解工具的使用规范和确保周边无非工作人员，使用过程中也应时刻注意周围人员。工具应当定期进行检修，以免出现失修损坏等问题，造成不必要的意外发生。

7.3 避让道路设施

行道树附近有架空的电线或其他电气设备时，应在电气设备四周设置绝缘围栏。此外，应准备绝缘材料的修剪作业工具。在修剪过程中应注意避让电线及其他设备，并在剪除大型枝干时，做好防护，避免坠落过程中触及电线造成事故。如果可能，可以与电线或电气设备所属单位取得联系，在修剪期间暂停供电。

7.4 交通管制

对于小型的行道树修剪，应放置交通标志牌，隔离出修剪的安全距离，提醒过路人员注意绕行，并在修剪中小心避让行人，对坠落的枝叶进行控制。

由于行道树修剪可能占用机动车道以及影响行人通行，出于交通安全考虑，需要对指定道路依据具体道路情况与行道树位置确定相应的交通管制办法，制定交通管制专项方案，并向当地交通管理局申请报备。

因施工造成前方道路发生交通干扰、车道变化、交通阻断、绕行等情况时，应设置作业区标志和施工标志。

作业区标志的选用应符合《城市道路交通标志和标线设置规范 GB 51038—2015》中表 4.1.2-2 的规定。

施工标志的设置应符合《城市道路交通标志和标线设置规范（GB 51038—2015）》10.1.4 的要求：①在干路或支路路段施工时，当施工地点或路段起点距上游交叉口较近时，应在施工地点或路段起点前处，以及上游交叉口的出口处设置施工标志，当施工地点或路段起点距上游交叉口大于或等于 500m

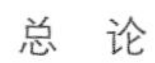

时，宜增设 300m 施工预告标志；②快速路施工时，应在施工地点或路段起点前设置 1km 施工预告、300m 施工预告标志。

由于行道树修剪施工作业而需要进行道路封闭、车道封闭或是改道的情况，需根据实际情况并按照《城市道路交通标志和标线设置规范 GB 51038—2015》10.1.5 至 10.1.7 的相关要求设置标志。

施工绕行标志应设置在封闭道路上游交叉口的各进口方向路侧。当道路施工完成后应及时撤除道路施工相关标志。施工绕行标志版面与道路信息指引标志中的绕行标志应相同，其版面应为橙底白色街区，绕行路线宜为黑色。

7.5 人员配备

在进行行道树修剪作业中，除安排操作修剪的工作人员外，需要有地面的工作人员负责协调和指挥，保证工作区域的安全。地面工作人员可以对操作人员以及驾驶起重机械进行指挥，引导车辆和行人交通，保证施工安全。

各

论

国槐修剪的重点有赖于对树势和树相的正确判断，通常是根据树冠外围枝的长度、疏密度和一年生枝春秋梢的分界情况等进行分析。

白蜡在小树阶段修剪的主要目标为培养主干枝，优化结构，扩大树冠。

油松修剪遵循『自上而下，由强至弱』的原则，下部轻剪，上部重剪，避免头重脚轻的树形，影响整体的均衡美观。

第8章 国槐行道树修剪

国槐是北京城市常见之行道树，也是生长优势明显的乡土树种，长期的栽种历史也赋予了国槐多重的文化涵义和深远的乡土意境。同时国槐也是北京市的市树之一，具有重要的形象作用。因此，探索国槐行道树的修剪方法具有特别的意义，设立修剪导则能更有效地推进行道树修剪示范工作，有利于城市形象的维护与提升。修剪工作的开展应当建立在丰富的修剪经验基础以及国槐固有的生长特性基础之上，科学、高效、有序地进行。

8.1 生长特性

8.1.1 形态及习性

国槐，乔木，高达 25m；树皮灰褐色，具纵裂纹。当年生枝绿色，无毛。中国北部较集中，辽宁、广东、台湾、甘肃、四川、云南也广泛种植，喜光而稍耐阴。花期 6 ～ 7 月，果期 8 ～ 10 月。国槐具有较强的萌芽能力，因而耐修剪。

8.1.2 树冠类型

国槐树高荫浓，长久作为庭荫树栽植于北方，且槐树寿命较长，其树冠多呈球形至阔卵圆形。

8.1.3 芽特性

国槐的芽可以分为花芽、叶芽和隐芽。

花芽着生于当年生枝的顶端，外观上看不出明显的芽的形态。花芽当年形成并在当年开花结果，部分情况下，生长旺盛的国槐在叶腋处的侧芽也有可能分化成为花芽。国槐的花芽为早熟性芽。

叶芽是着生于枝条上的侧芽，叶芽的外观形态不明显，叶柄脱落后仅可以看到一个凹陷。与花芽相同，国槐的叶芽也具有早熟特性，条件适宜的情况下可以抽生夏梢和秋梢，秋梢常以 2 ～ 3 个分枝的形式在极短的夏梢上产生，秋梢节间极短，其上着生数量较多的芽，翌年还可萌发着生紧凑的新枝团簇在一起，也就是俗称的鸡爪枝。鸡爪枝影响树体美观，因此这类秋梢需要在常规修剪中予以剪除。

国槐的萌芽率和成枝力都较弱，自然条件下先端可萌生 2 ～ 3 个生长势均等的枝条，其下生长的芽不萌发成为隐芽，这段枝条成为隐芽带（又称光秃带），在受到特定刺激可以萌发，因此可以利用隐芽带的枝条为老树更新复壮。

8.1.4 枝条特性

国槐的枝条按照性质可以分为发育枝、花枝和徒长枝三类。

发育枝是国槐在开花前构成树冠的主要枝条，进入花期后部分发育枝可以转化为花枝。发育枝依据生长势不同又可以分为徒长性发育枝、长发育枝、中发育枝和短发育枝。在花期时，长发育枝、中发育枝和短发育枝都可能会分化出花芽，转化成为花枝。国槐枝的主要类型如图 8-1。

徒长性发育枝多着生于幼树或者长势旺盛的树上。在初花期的国槐树上，徒长性发育枝的数量占 60% 左右。

长发育枝（长花枝）的长度一般为 60 ～ 120cm，粗为

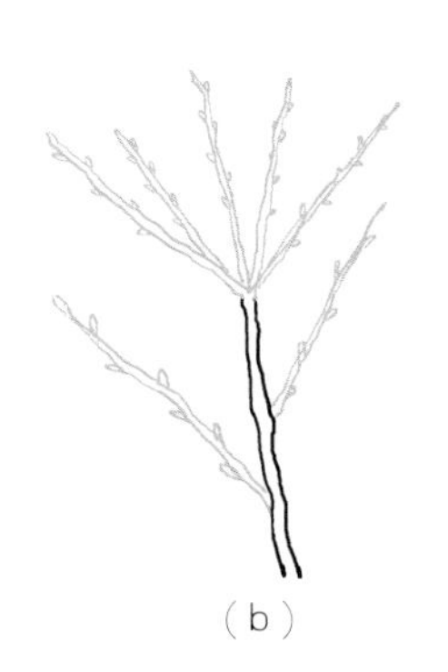

图 8-1　国槐枝的类型

（a）健壮的树冠外围抽生的发育枝，当年可抽生少量花枝；（b）健旺的多年生直立枝上抽生的发育枝和徒长枝，抽生的花枝少；（c）长势中庸偏弱的树，树冠外围的一年生枝当年可抽生大量花枝。

0.8 ~ 1.0cm，枝条中部约占枝长一半的范围内着生发育良好的叶芽，能够抽生健壮的新梢，是构成圆满树冠的主要枝条，可用于发生新枝补充空间或进行枝条更新。

中发育枝（中花枝）的长度一般为 40 ~ 60cm，粗 0.4 ~ 0.5cm，这类枝生长充实，长势稳定，是国槐树冠内进行光合作用、制造营养物质、补充树冠空间的主要枝条。中发育枝的分布均匀程度和数量都是判断国槐树势的主要依据。

短发育枝（短花枝）的长度一般为 30 ~ 40cm，粗 0.4cm 以下，有极短秋梢或无秋梢，短发育枝极容易形成花枝。

徒长枝的长度一般为 120 ~ 180cm，粗 1.5 ~ 2.0cm，在初花期和临近衰老期的国槐树上较为常见，徒长枝也是补充空间和更新复壮时有用的枝条，需要利用徒长枝时应在国槐的生长季进行短截，否则在其他时间短截后易萌发旺枝，影响树形，难以控制。

8.2 修剪内容

8.2.1 修剪时间

国槐属于阔叶落叶树，强修剪适宜在冬季休眠期内进行。此时树体的营养物质完成转移，生理活动强度降到最低，对于营养的消耗强度最低。冬季修剪后，来年脱离休眠期时能够很快愈合修剪形成的创口，并有利于营养物质转移到保留的枝条中，起到调节生长的作用。

在生长期内对国槐进行常规修剪，主要去除不良枝，在局部进行调整。北京市国槐行道树修剪时间与强度可以参考表8–1。

表 8-1 北京市国槐修剪时间与强度

月份	1月	2月	3月	4月	5月	6月	7月	8月	9月	10月	11月	12月
修剪强度	强修剪	强修剪	强修剪	常规修剪	常规修剪	常规修剪	常规修剪	常规修剪	常规修剪	常规修剪	常规修剪	强修剪

8.2.2 修剪目标

国槐是华北地区常用行道树树种，北京城市有多处街道以国槐为行道树，生长年限较长。在实际调研中发现，北京市城区内的国槐行道树经历一定生长年限后，多出现不良枝，这些不良枝不仅影响行道树的姿态美观，也会对树木的健康生长造成不良影响。长期未加以修剪的树枝，临建筑一侧因为枝叶生长旺盛，会妨碍建筑内的采光，同时树冠内可能滋生蚊虫对室内环境有害。开展国槐行道树修剪工作需要首先明确修剪的主要目标。

目标一：去除不良枝

从树木健康生长角度考虑，去除不良枝为国槐行道树整形修剪的主要工作内容。国槐分枝性较好，但由于街道的条件不良，受风力、水分、光照、城市热岛效应等因素影响，北京城市的国槐主要出现交叉枝、枯干枝、下向枝、逆向枝等问题。

交叉枝：如图 8–2、图 8–4 为国槐的交叉枝模式图，在所

图 8-2　交叉枝模式图

图 8-4　国槐的交叉枝

有生长不良枝类型中尤为常见，交叉枝不仅影响树体的美观，同时枝条争夺光照和养分也会影响行道树生长发育。同时内部过密的枝叶也会增加滋生病虫害的可能。

枯干枝：如图 8–3、图 8–5 所示，部分因为病虫害而干枯腐坏的枝条既影响了树木的美观效果，还会威胁树下行人和车辆的安全，造成不必要的财产损失。虫害枝条不进行及时处理可能会造成更大面积的行道树受害，因此枯干枝包括受到虫害侵染的枝条需要在现场调研中加以判定，进行锯除。

图 8-3 枯干枝模式图

图 8-5 枯干枝条

目标二：调整树枝结构

从街道舒适角度考虑，生长年限长的国槐枝叶过于密集，会降低透光性，也会影响空气的流通。从安全角度考虑，国槐树冠内部密集生长的枝叶因为机械强度较低，也会成为潜在的安全隐患。因此，疏剪枝叶、调节树势也是整形修剪的重要目标。

从树体美观角度，以枯干枝、逆向枝、内膛枝、交叉枝为主的不良枝会造成树体结构的偏重，严重影响树体的美观，需要加以去除。另外，树冠外形也可能偏离原本的树形，可以将重现树种固有树形作为整形修剪的目标。自然生长状态下的国槐接近球形或阔卵圆形，人工修剪后的国槐林冠线宜饱满，以球形或阔卵圆形为目标树形。

国槐修剪的重点有赖于对树势和树相的正确判断，通常是根据树冠外围枝的长度、疏密度和一年生枝春秋梢的分界情况等进行分析。不同长势的国槐其外围枝典型的外观特征一般如图 8–6 所示。生长旺盛的树分枝少，单枝粗壮、春秋梢界线分明，而弱树分枝量大，单枝一年仅有一次生长且细短、密集。

健壮树的外围枝一般萌发新枝 3 个，长势较均匀。

旺树的树冠外围发枝量更大，一般在 5 个左右，生长势强。修剪时留单枝单头可以克服后期形成衰弱的丛生枝头（即鸡爪枝）。

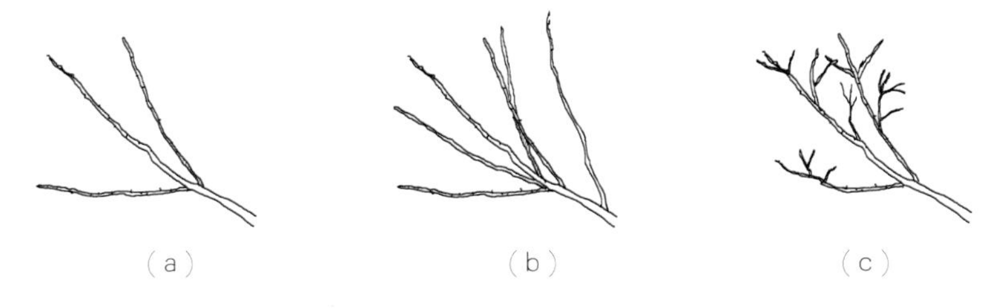

图 8-6　不同树势的国槐树冠外围枝的形态

（a）健壮树的外围枝一般发枝 3 个，长势均匀；（b）旺树的树冠外围枝发量大，在 5 个左右，生长旺盛，修剪时留单枝单头可以克服后期形成衰弱的丛生枝头；（c）老龄树多年连续分枝，形成衰弱的丛生枝头，称“鸡爪枝”，需及时进行疏除。

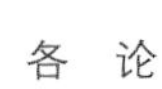

老树由于多年的连续分枝，易形成衰弱的丛生状枝头即“鸡爪枝”，需要及时进行修剪予以剪除。

8.2.3 修剪流程

首先，确定需要修剪的不良枝，然后遵循从内向外的修剪顺序进行。一般情况下，优先处理枯死枝与病虫枝，其次处理主干内部的交叉枝与内膛枝，最后对枝条的整体结构进行调整，对影响公共设施使用（如遮挡路标、信号灯和影响建筑采光）的树枝进行处理。

在修剪工具的使用上，修剪一级枝这样较为粗壮的枝条时，一般采用油锯；处理二级枝或较细弱的枝条，可以利用枝剪；当修剪高度过高时需借助高枝剪或使用爬梯，更高的位置则借用高空作业车辅助。

国槐在花期后荚果常宿存于花枝，继续消耗树木的水分和营养物质。因此花期后的常规修剪过程中可以摘除枝条留存的果实，防止树体营养和水分的损耗，同时集中摘除果实也有利于街道环境卫生的维持，减少坠花坠果对街道、车辆以及行人造成的不良影响。

8.2.4 修剪前后比较

修剪前，树体分枝较多，树冠枝叶量过密。结构上有多处下垂枝、交叉枝、逆行枝、平行枝及部分枯干枝。

修剪后，树冠向内缩小约 50cm，基本保持了原有的一级和二级分枝，修剪后共三个一级分枝。修剪掉一部分三级分枝，减轻了原本的枝叶量，结构在原来的基础上更加清晰，如图 8-7。

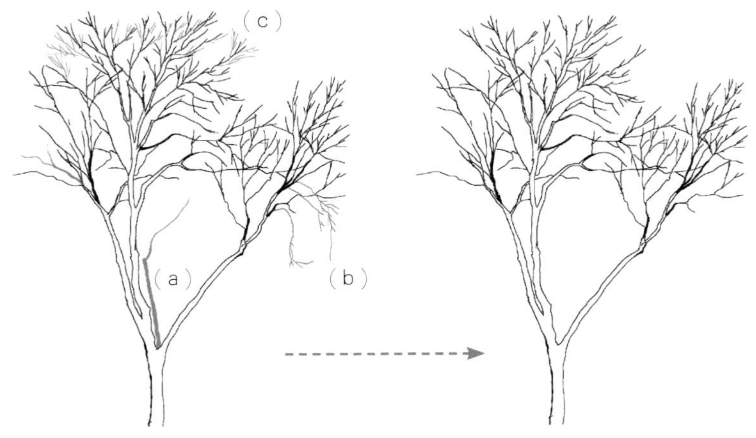

图 8-7　国槐修剪前后对比

（a）去除枯死枝，改善树体结构；（b）处理下垂枝等不良枝，进一步梳理内部结构；（c）疏除细枝以及花枝，减轻体量，做细部修剪。

第9章 白蜡行道树修剪

白蜡树得名与白蜡虫有关，虽然北京城于道路两侧所植白蜡并非为了生产，却在秋季为城市渲染出金黄的华盖，成为古都时令之美的重彩一笔。白蜡树荫浓密，树形挺拔，但不加控制也容易生出下垂枝，影响树形外观并造成街道安全隐患。本章从白蜡树的生长模式与枝条特性分析得出白蜡行道树修剪的主要目标以及相关注意事项，尤其是区分老树与小树在修剪工作上的侧重。

9.1 生长特性

9.1.1 形态及习性

白蜡，落叶乔木，高 10 ～ 12m；树皮灰褐色，纵裂。芽阔卵形或圆锥形，被棕色柔毛或腺毛。小枝黄褐色，粗糙，无毛或疏被长柔毛，旋即秃净，皮孔小，不明显。

白蜡树属于向阳性树种，喜光，对土壤的适应性较强，耐轻度盐碱，喜湿润、肥沃的砂壤质土壤。

9.1.2 树冠类型

白蜡树干性通直，树形美观，树冠呈卵圆形至阔卵圆形。

9.1.3 芽特性

白蜡的主要芽为叶芽和花芽。

叶芽由主芽形成，位于一年生枝条的顶端和叶腋间，通常一年生枝条的顶芽和其下 2 ～ 4 个节位上对生的芽即为叶芽，健旺枝条着生叶芽的节数可以多达 8 节以上。

白蜡为雌雄异株，因此花芽分为雄花芽和雌花芽。雄花芽由副芽形成，着生在雄株的一年生枝条的叶腋间，位于主芽的一侧或四周。雌花芽亦为副芽形成，着生于雌株一年生枝条叶芽节位下方的各节上(如图9—1)。白蜡的雌、雄花均为不完全花，雄花开后脱落，雌花结实后翅果部分脱落，花序梗宿存。

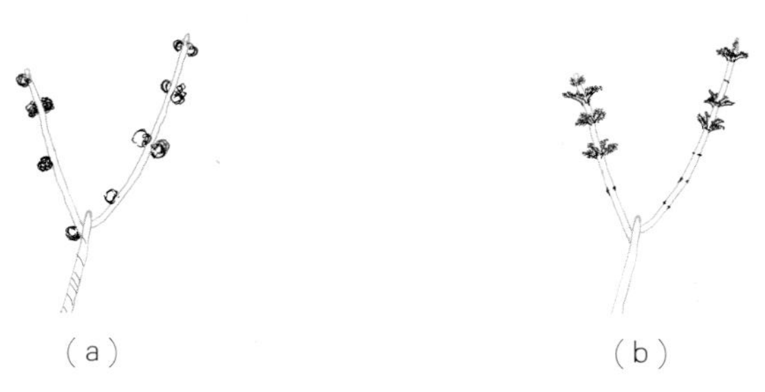

（a） （b）

图 9-1 白蜡雌雄株的花枝区别

（a）雄株枝头的雄花；（b）雌株枝头的雌花。

9.1.4 枝条特性

白蜡的枝条按照性质可以分为发育枝、花枝和徒长枝3类。

发育枝和花枝：在白蜡开花前，发育枝是构成树冠的主要枝条，依据发育枝的长势可以进一步将其分为徒长性发育枝、长发育枝、中发育枝和短发育枝。发育枝向花枝转化的时间发生在花期，花枝也按长势分为长花枝、中花枝和短花枝。

徒长性发育枝多着生于幼树或生长旺盛的树上，长度在120 ~ 150cm，粗1.5 ~ 2.5cm。在初花期的白蜡树上，徒长性发育枝的数量可以达到40%左右，成龄树上几乎不着生徒长性发育枝。

长发育枝（长花枝）的长度一般为50 ~ 120cm，粗

0.8 ～ 1.0cm。长发育枝能够抽生健壮的新梢，多位于各级骨干枝的先端，是形成饱满树冠的主要枝条类型。

中发育枝（中花枝）的长度一般为 40 ～ 50cm，粗 0.5 ～ 0.6cm。中发育枝生长充实，长势稳定，是白蜡树冠内进行光合作用、制造营养物质、补充树冠空间的主要枝条。中发育枝的分布均匀程度和数量是判断树势的主要依据，中发育枝分布均匀，数量多则说明树势较旺。

短发育枝（短花枝）长度一般为 20 ～ 40cm，粗度在 0.4cm 以下，极易形成花芽。

徒长枝多见于年界处，长度在 150cm 以上，粗 1.5cm 以上，直立生长，在初花期和临近衰老期的白蜡树上常见，是补充空间和老树更新复壮的有用枝条。可在生长季节通过短截予以利用，反之在休眠期进行短截容易促发旺枝，难以控制。徒长枝的外观特征可通过花芽的着生情况进一步确认，如图 9–2。

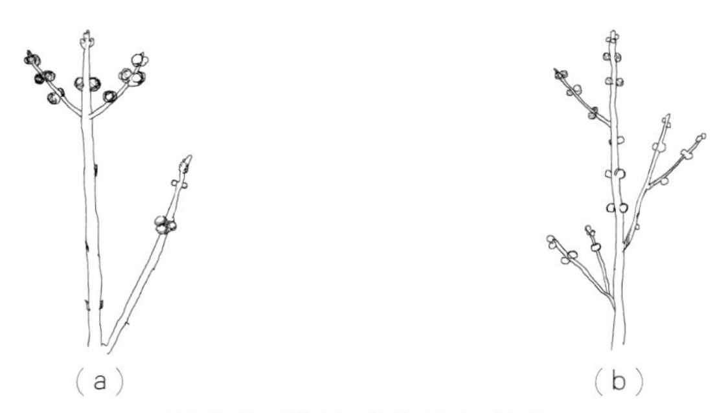

图 9-2　雄花着生枝条差异

（a）着生于徒长枝上的雄花，集中于枝条前端，形成后部光秃的枝条；（b）着生于树冠外围枝的雄花，分布均匀，生长量大。

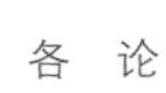

9.2 修剪内容

9.2.1 修剪时间

白蜡树为落叶树种，强修剪应在休眠期内进行最佳，此时修剪不会对树体产生较大的负担，伤口也能较快愈合；此外在落叶期间也能够较清晰地观察到树干脉络，方便修剪判断。北京市宜在 12 月到来年 3 月，树木已完成营养物质转移之后，萌芽之前进行修剪。

进入生长期可以对白蜡进行常规修剪，以局部调整和清除不良枝为主。对于短截后的枝条，及时在生长期观察萌发枝条数量，根据实际树形要求去除多余枝芽。北京市白蜡行道树的修剪时间与强度可参考表 9—1。

表 9-1　北京市白蜡树修剪时间与强度

月份	1月	2月	3月	4月	5月	6月	7月	8月	9月	10月	11月	12月
修剪强度	强修剪	强修剪	强修剪	常规修剪	常规修剪	常规修剪	常规修剪	常规修剪	常规修剪	常规修剪	常规修剪	强修剪

9.2.2 修剪目标

白蜡树在生长年限不同阶段表现出不同的不良枝条，因此对不同生长年限的白蜡树应采取对应的修剪方案。

（1）老树以去除不良枝为主。白蜡树在生长进入成熟期后，常出现交叉枝（如图 9–3）、下垂枝（如图 9–4），另外还有枯死枝和萌芽枝等生长不良枝条。交叉枝影响冠层内部的光线与空气流通条件，在任何情况下都需要酌情进行疏除。下垂枝通常会对街道交通（例如城市中的双层公交车）产生影响，因此需要以清除下垂枝为主要目标对白蜡老树进行适当的修剪整形，调整树势与树体结构。

图 9-3　去除交叉枝

图 9-4 白蜡树下垂枝

下垂枝：又称下向枝（如图 9–5 所示）。白蜡树顶芽的生长量大，枝条柔韧，延伸快，容易造成先端密集而自然下垂。下垂枝在一定程度上具有良好的装饰效果，但是容易引起遮挡和妨碍交通，行道树通常需要定干在高度 4 ~ 5m，以防止与车身较高的机动车产生刮擦，而下垂枝将减小枝下高度，不利于交通安全。

图 9-5 白蜡树下垂枝模式图

（2）小树以优化树形结构为主。白蜡在小树阶段修剪的主要目标为培养主干枝，优化结构，扩大树冠。休眠期修剪选择生长健壮、方向与长势皆均衡的枝条 3 ～ 4 个作为主枝。白蜡树由于芽对生，因此枝头宜长放不剪，不宜短截，否则剪口下相对萌生两个长势相近的枝条会扰乱树形。主干枝以外的枝条除疏剪过旺和过于直立的枝条外，均长放不剪，生长季在分枝处回缩，逐步培养成大型的辅养枝。

9.2.3 修剪流程

（1）老树的修剪流程。针对树龄较大的白蜡行道树，由于主干已经定型，故应尽量避免在修剪过程中对一级枝条的过度修剪，尽可能疏剪内部不合理枝条，以达到通风透光，预防病虫害的目的。对于树形高大的白蜡行道树，需要调用登高车等设备进行修剪（如图 9–6）；使用高枝剪能够弥补距离的缺陷（如图 9–7）。在锯除大枝时，参考第 5 章“大枝修剪”部分，

图 9-6　登高车配合油锯作业

图 9-7 高枝锯使用

按照顺序进行修剪，避免出现枝条劈裂的后果。也可使用手锯作业来保证切口的平整光滑，有利于创口的愈合（如图 9–8）。具体流程：①观察树的整体生长状况，确定不良生长枝条，遵循由内向外的顺序对不良枝进行修剪；②设置目标的树体结构，确定需要保留的 2 级、3 级分枝，应保证内部结构分枝明晰，分级合理，切除多余的分枝；③梳理行道树与周边环境的关系，对于妨碍交通、遮挡建筑及其他市政设施的枝条予以清除，具体可参考节 3.1 的相关内容；④尽量优化整体树形，对于已经造成偏冠或树冠不完整的情况，酌情进行修剪。

（2）小树的修剪流程。白蜡树小树阶段以优化树体结构为主。基本以枝剪进行操作作业，根据目标树形对待修剪树进行

图 9-8　手锯使用

分析，确定需要去除的枝条，以形成饱满的树冠以及均衡美观的树形。具体流程：①确定主枝（1 级分枝）的数量以及方向，选择 2 ～ 3 个作为主枝进行培养，去除其余枝条；②控制 2 级分枝的数量，保留候补枝条，为枝条生长预留足够空间；③整体对树形进行优化，调整树冠的形状。根据理想树形的林冠线对超出预定边界的枝条进行回缩，形成近似椭圆的树形。对于偏冠树形，可以进行多次回缩短截，恢复树冠的均衡。

9.2.4 修剪前后对比

（1）老树修剪。修剪前主要有下向枝、枯死枝、逆向枝等不良枝条。修剪后保持了原有的大致树形，以锯除的方式回缩部分第二分枝和第三分枝，适当疏剪小枝。整体效果更为通透，冠幅向内回缩约 80cm，使树形更加美观（如图 9–9）。

此外，应考虑树木与街道设施的空间关系，对妨碍设施的枝条进行清除，以保障设施的安全。

图 9-9 白蜡（老树）修剪前后对比

（2）小树修剪。主要修剪的内容是去除交叉枝和逆行枝等枝条，形成较好的树体骨架，有利于处于幼年以及青年期的行道树发育。如图 9–10 所示，去除第一分枝 1 处，第二分枝 3 处，第三分枝 4 处，减轻了整体枝叶量，树形结构更为明晰。

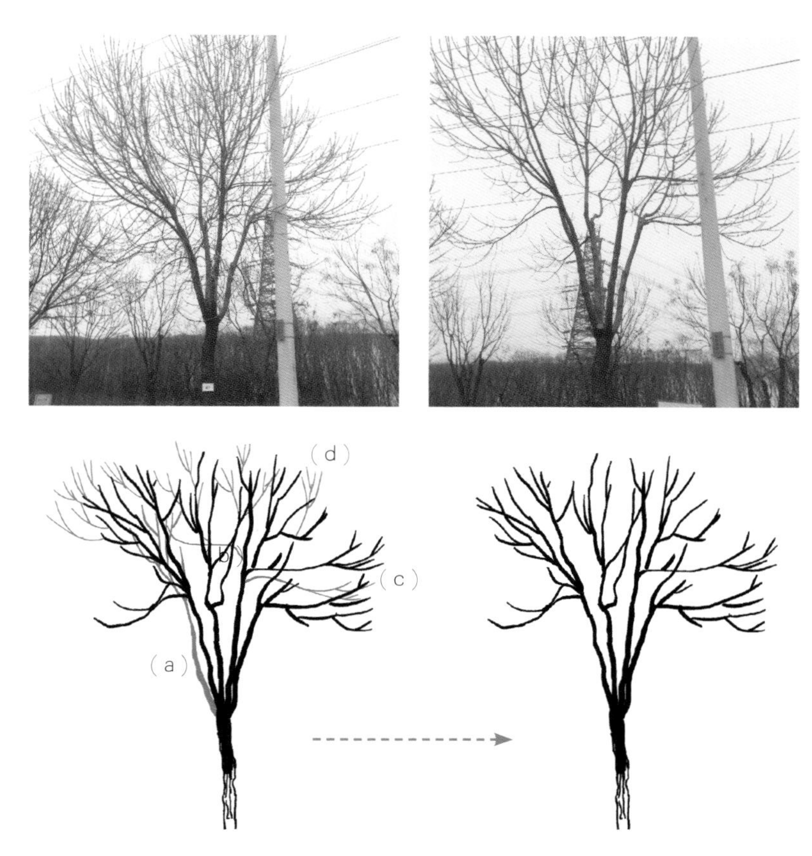

图 9-10　白蜡（幼树）修剪前后对比

（a）调整树体结构，保留生长良好的一级分枝；（b）去除交叉枝等不良枝；（c）进一步调整树体结构；（d）细部修剪，疏除细弱枝和花枝。

第10章 油松行道树修剪

油松用于城市的行道树虽不多见，但其四季常青的特点能为北京冬季缺少色彩的街道增添绿意。加之油松挺拔，又可多加造型，在城市未来行道树选择上深具潜力。区别于常见的用作行道树的落叶乔木，油松从生长习性和枝条的特性上都有不同的特点，决定了在行道树修剪工作中异于其他常见行道树修剪的方法策

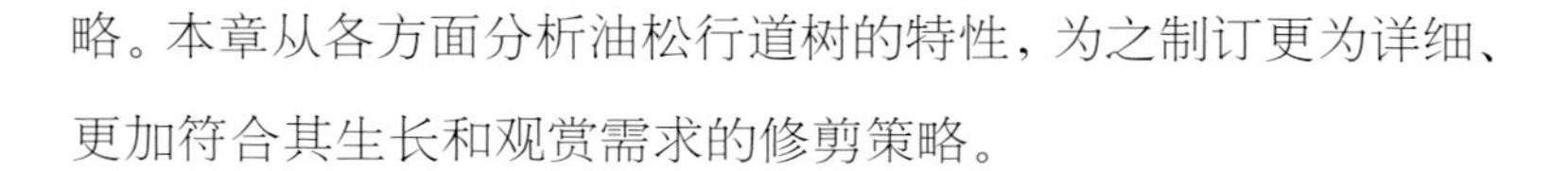

略。本章从各方面分析油松行道树的特性，为之制订更为详细、更加符合其生长和观赏需求的修剪策略。

10.1 生长特性

（1）形态及习性。油松为乔木，高达 25m，胸径可达 1m 以上。大枝平展或斜向上，老树平顶；小枝粗壮。

油松为阳性树种，深根性，喜光、抗瘠薄、抗风，在土层深厚、排水良好的酸性、中性或钙质黄土上，−25℃的气温下均能生长。在北京用作行道树的地点不多，以三里河路为代表，靠近钓鱼台国宾馆，以油松为主的行道树形成了庄严的街道氛围，与银杏配植在秋季效果突出。

（2）树冠类型。油松在青年期多为圆锥形或卵形树冠，老年期逐渐平顶，形成伞形树冠结构。因为油松树冠开展，四季常青，树干挺拔苍劲，表面纹理斑驳，且随着生长年限的增加，姿态多呈现奇崛、曲折的独特美感，因此在园林绿化中应用较多。

（3）枝芽特性。油松冬芽长圆形，顶芽旁轮生有 3 ～ 5 个侧芽，顶芽可以生长成为粗壮的主枝，侧芽抽生轮生的侧生枝条。

油松具有明显的主干，由主干上轮生侧枝，侧枝上萌生的芽位于节，相邻两处节之间的长度即节间。生长旺盛的枝条，节间短，分枝多，枝叶密集；生长衰弱的枝条，节间长，枝叶稀疏。

10.2 修剪内容

10.2.1 修剪时间

油松是华北地区常见的常绿树种，广泛应用于园林中。春季到夏季之间修剪最佳，此时有利于油松快速恢复并生长新芽。在其他时间也可进行修剪工作。北京市油松行道树的具体修剪时间可参考表 10–1。

表 10-1 北京市油松修剪时间安排

月份	1月	2月	3月	4月	5月	6月	7月	8月	9月	10月	11月	12月
修剪适宜性	可修剪	可修剪	可修剪	最佳时间	最佳时间	最佳时间	可修剪	可修剪	可修剪	可修剪	可修剪	可修剪

另外，油松修剪应最好避免阴雨天气，且至少在完成修剪后 3 天内无雨水，防止伤口因为沾湿而感染杂菌，造成黄梢等现象。

10.2.2 修剪目标

（1）生长一定年限的油松多出现交叉枝、下向枝、逆向枝、平行枝、重叠枝等不良枝条，需要予以去除（如图 10–1）。

重叠枝是在竖直方向上同时存在由一个主枝分出的多个枝条，形成上下交叠。这类枝条不利于下方枝进行光合作用，往往造成下方枝条生长较弱，因此一般去掉位于下方的枝条，保留上层有利于形成更为丰满树形的枝条。

（a）　　　　　　　　（b）

图 10-1　油松重叠枝（修剪前后对比）

交叉枝是在水平方向上由多个枝条向一个方向生长最终形成交叉。交叉枝不利于光合作用，常造成内部空间逼仄，透光性差（如图 10–2）。

（a）　　　　　　　　（b）

图 10-2　油松交叉枝（修剪前后对比）

逆向枝多因外力条件作用而使枝条先端向原来生长的反方向生长，或是分枝与上一级分枝生长相逆。逆向枝可能影响树形的整体效果，应考虑修剪时去除（如图 10–3）。

（a）

（b）

图 10-3 油松逆向枝（修剪前后对比）

（2）疏除过密的枝条，在春季可摘除多余的松塔，减少树体营养的消耗。另外，对过密的松针以及长势强旺枝条上的老叶可以进行摘除，调控油松的生长势。

（3）油松的修剪目标还以形成层次分明的树冠结构，即层片状结构为主，以达到良好的观赏效果。

10.2.3 修剪流程

油松修剪遵循“自上而下，由强至弱”的原则，下部轻剪，上部重剪，避免头重脚轻的树形，影响整体的均衡美观。

（1）将树木的枯枝败叶处理掉，增加透光、透气性，有利于植物生长，也便于后期修剪观察。

（2）对分枝进行处理，将不合理的枝条短截或齐根去除，如交叉枝、重叠枝、内膛枝、逆向枝等，确立主干的分枝层次。

（3）按照层次确定出大概的层片外轮廓，根据树形决定层片的大小。对于超出层片范围的枝条进行短截或回缩。过长的节间如果影响整体层片的美观也适当回缩。

（4）细致修剪，对芽进行处理。根据树木的生长状态，将松芽的形态分为强芽、中芽和弱芽三大类。

强芽　生长势旺盛，会出现 3 个或者 3 个以上的嫩芽，“去强留弱”，保留两个适中芽，使其成“V”字形（如图 10-4），方向向外（离心方向）。

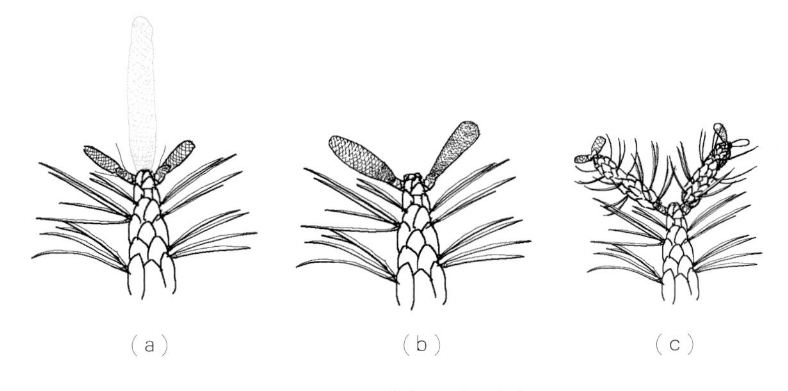

图 10-4　油松芽的生长

（a）出现 3 个嫩芽时，去掉中间长势最强的芽；（b）保留的两个生长适中的芽生长为新的分枝；（c）继续摘除中心强芽可继续分枝形成饱满树冠。

中芽　一长一短，以短芽的长度为标准对伸长的嫩芽进行短截，形成对称的构型。

弱芽 只有一个嫩芽，而且长势较弱，不进行修剪。

最后，通过去除老叶的方法来调整来年树芽的长势强弱，使之达到长势均衡。强芽多去老叶，弱芽少去或者不去老叶，原理是植物通过树叶的光合作用，为来年嫩芽生长提供养分。顶芽处理和去除老叶要遵循自上而下的原则，也为最后清理修剪残枝落叶提供便利，减轻工作量。

10.2.4 修剪前后对比

修剪后，油松应保持原有的树形姿态，去除破坏美观的部分枝条，梳理顶芽，减少强芽的数量，调节树势生长的强弱。树体更为通透，层次更加明显（如图 10−5）。

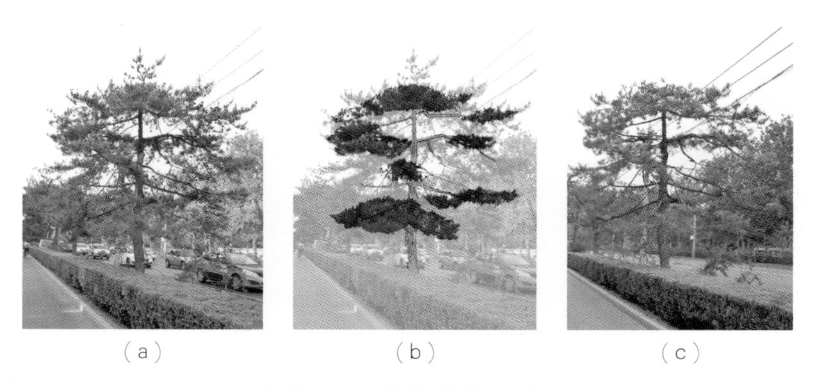

（a） （b） （c）

图 10-5 油松修剪前后对比

（a）老树存在多种不良枝类型，树形不够美观；（b）分析设计修剪的层片大小及位置，修剪超出树冠线外的枝条；（c）修剪后。

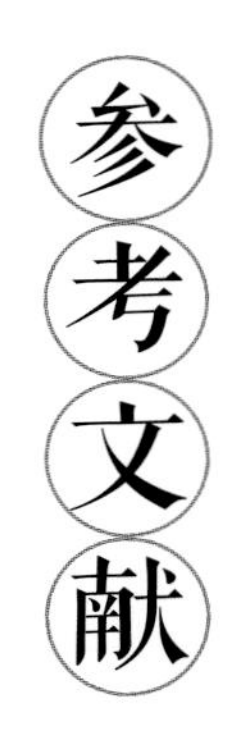

●鲁平 . 2006. 园林植物修剪与造型造景 [M]. 北京：中国林业出版社 .

●臧德奎 . 2012. 园林树木学（第二版）[M]. 北京：中国建筑工业出版社 .

●郭育文 . 2013. 园林树木的整形修剪技术及研究方法 [M]. 北京：中国建筑工业出版社 .

●韩玉林，朱旭东，赵九洲 . 2016. 图文精解园林树木修剪整形 [M]. 北京：化学工业出版社 .

●吴钰萍，周玉珍 . 2004. 园林绿化中级教程 [M]. 沈阳：辽宁科学技术出版社 .

●亀山章 . 2000. 街路樹の緑化工 . 東京：ソフトサイエンス社 .

附 表

<table>
<tr><td colspan="5">行道树调查表</td></tr>
<tr><td colspan="5">调查地点:</td></tr>
<tr><td>树种</td><td>编号</td><td>记录人</td><td>记录时间</td><td>树龄</td></tr>
<tr><td>白蜡</td><td></td><td></td><td></td><td></td></tr>
<tr><td colspan="5">修剪前后信息对比</td></tr>
<tr><td></td><td colspan="2">修剪前</td><td colspan="2">修剪后</td></tr>
<tr><td>胸径（cm）</td><td colspan="2"></td><td colspan="2"></td></tr>
<tr><td>枝下高（cm）</td><td colspan="2"></td><td colspan="2"></td></tr>
<tr><td>冠幅（cm）</td><td colspan="2"></td><td colspan="2"></td></tr>
<tr><td>第一分枝</td><td colspan="2"></td><td colspan="2"></td></tr>
<tr><td>第二分枝</td><td colspan="2"></td><td colspan="2"></td></tr>
<tr><td>第三分枝</td><td colspan="2"></td><td colspan="2"></td></tr>
<tr><td>枝条密度</td><td colspan="2"></td><td colspan="2"></td></tr>
<tr><td>长势强弱</td><td colspan="2"></td><td colspan="2"></td></tr>
<tr><td>不良枝</td><td colspan="4">□ 病虫害枝 □ 枯干枝 □ 干生枝 □ 徒长枝 □ 下垂枝 □ 分蘖枝 □ 平行枝 □ 叉生枝 □ 阴生枝 □ 逆行枝 □ 忌生枝 □ 交叉枝</td></tr>
<tr><td rowspan="2">图片</td><td colspan="2">修剪前</td><td colspan="2">修剪后</td></tr>
<tr><td colspan="2"></td><td colspan="2"></td></tr>
</table>